DATE DUE

Gracias a las vacas

por Allan Fowler

Versión en español de Aída E. Marcuse

Asesores:

Robert L. Hillerich, Universidad Estatal de Bowling Green, Ohio

Mary Nalbandian, Directora de Ciencias de las Escuelas Públicas de Chicago, Chicago, Illinois

Fay Robinson, Especialista en Desarrollo Infantil

CHILDRENS PRESS®

CHICAGO

Diseñado por Beth Herman, Diseñadores Asociados

Catalogado en la Biblioteca del Congreso bajo:

Fowler, Allan
    Gracias a las vacas / por Allan Fowler.
      p. cm. −(Mis primeros libros de ciencia)
      Resumen: Una sencilla descripción de cómo la vaca produce leche
y cómo la leche es procesada para el consumo humano.
    ISBN 0-516-34924-4
    1. Ganado lechero−Literatura juvenil. 2. Vacas−Literatura juvenil.
[1. Lechería. 2. Leche. 3. Vacas.] I. Título. II. Series: Fowler, Allan.
Mis primeros libros de ciencia.
SF208.F68 1992
636.2'142−dc20
                                  91-35062
                                      CIP
                                      AC

Estas vacas llevan una vida fácil.

Duermen en un hermoso
y limpio establo en la
granja lechera.

Tienen preciosas praderas
donde pastar,

mucha agua para beber,

y mucho heno, maíz, y
otras cosas buenas para
comer.

En realidad, una vaca
come su comida dos veces.

Después de tragarla,
devuelve la comida a la
boca poco a poco y la
vuelve a masticar, más
despacio.

Eso se llama "rumiar."

9

Aunque llevan una vida fácil, las vacas tienen que ganársela.

Una vaca lechera produce unos
80 vasos de leche por día.

Las vacas son hembras
del ganado adulto.

Las vacas Holstein son
negras y blancas. Son las
que dan más leche.

Las vacas Jersey generalmente
son de color tostado.

Y hay varias razas más
de ganado lechero.

15

Una vaca empieza a producir
leche cuando nace su primer
hijo, o ternero.

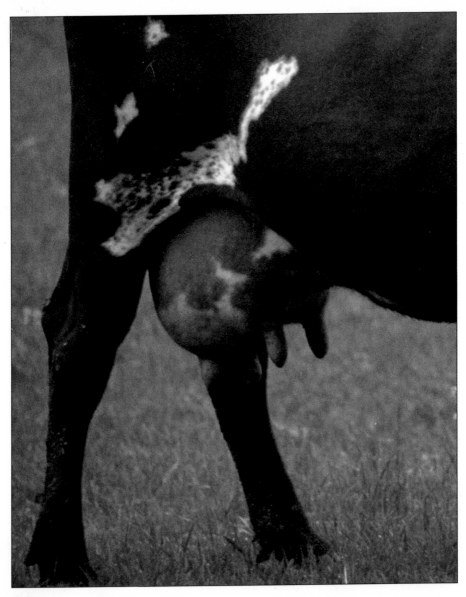

18

La leche se deposita en la
ubre de la vaca, una bolsa
que cuelga bajo su vientre.

En la ubre hay cuatro
pezones.

La leche fluye cuando se hala y aprieta suavemente cada pezón.

Los ordeñadores solían hacer esta tarea a mano.

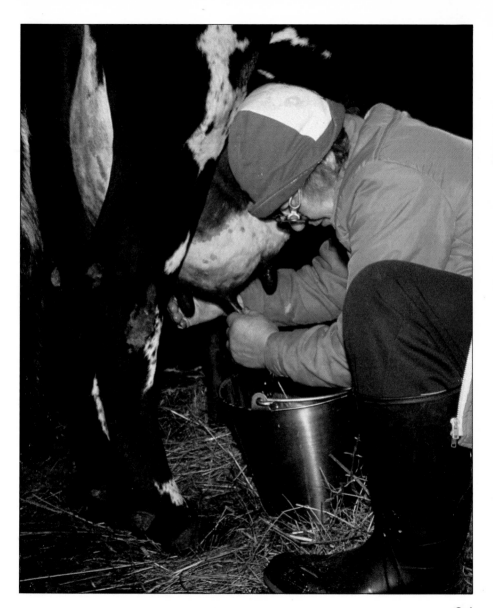

Pero en las grandes granjas
lecheras de hoy en día, las vacas
son ordeñadas por máquinas.

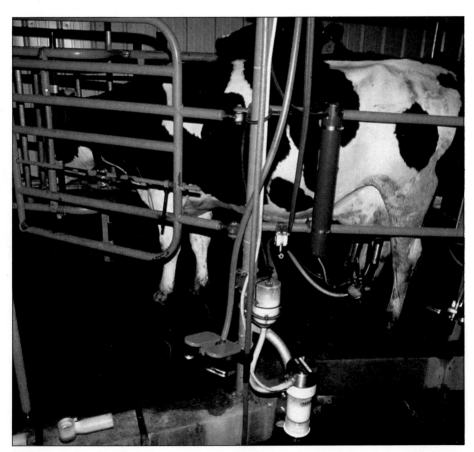

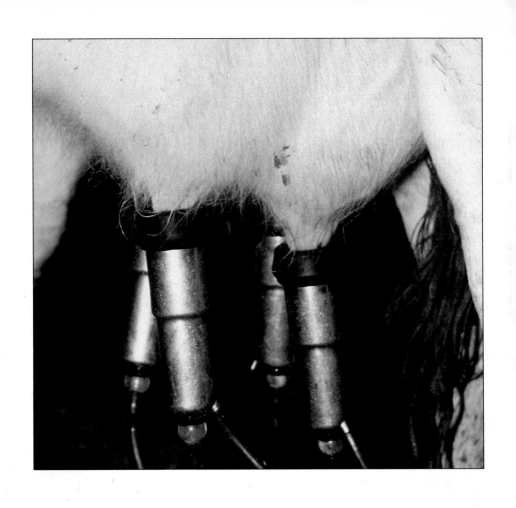

Cada vaca es ordeñada
dos veces al día.

Luego, camiones con grandes tanques llevan la leche de la granja a una planta lechera.

Allí la leche es calentada, es decir, pasteurizada. Ese proceso hace que pueda beberse con tranquilidad.

Con parte de la leche se
hace mantequilla, queso,
y otros productos más.

Así que tienes mucho que agradecerles a las vacas... ¡especialmente si te gustan los helados!

Palabras que conoces

vaca

ternero ubre pezón

establo

heno

razas de ganado lechero

Holstein

Jersey

Guernsey

Brown Swiss

productos lecheros

helado

crema agria   leche   queso
     mantequilla   queso crema

31

Índice alfabético:

agua, 6
boca, 8
camiones, 24
establo, 4
helados, 28
heno, 7
leche, 11, 12, 16, 19, 20, 22, 23, 24, 26
maíz, 7
mantequilla, 26
máquinas, 22
ordeñadores, 20
pastar, 5
pasteurizada, 24
pezones, 19, 20
planta lechera, 24
praderas, 5
productos lecheros, 6
queso, 26
razas, 14
  Holstein, 12
  Jersey, 13
rumiar, 8
tanques, 24
ubre, 19
vacas, 3, 8, 10, 11, 12, 13, 14, 16, 19, 22, 23, 28

Acerca del autor:

Allan Fowler es un escritor independiente, graduado en publicidad. Nació en New York, vive en Chicago y le encanta viajar.

Fotografías:

American Dairy Association® – 11, 25

Animals Animals – ©Henry Ausloos, 9

PhotoEdit – ©Myrleen Ferguson, 4, 30 (abajo izquierda); ©Tony Freeman, 27, 31 (abajo izquierda)

SuperStock International, Inc. – ©Conrad Sims, 17, 30 (arriba derecha); ©Donald A. Curtis, 23

Tom Stack and Associates – ©Brian Parker, 22

Valan – ©J.A. Wilkinson, Tapa, 3; ©Phillip Norton, 5, 6,; ©Kennon Cooke, 7, 30 (abajo derecha), 31 (centro izquierda); ©Chris Malazdrewicz, 12, 31 (arriba izquierda); ©K. Ghani, 13, 31 (arriba derecha); ©Val y Alan Wilkinson, 14, 31 (centro derecha); ©V. Wilkinson, 15, 29, 31 (abajo derecha); ©Michel Julien, 16; ©Jean Bruneau, 18, 30 (arriba izquierda); ©Karen D. Rooney, 21

TAPA: Vacas Ayershire